萌翻天!

| 黃珊珊 Susanne N

U0050661

造型戚風蛋糕

獻給我的丈夫光佑（Guangyou），
我們的孩子迦勒（Caleb）、克麗絲汀（Christine）
和卡麗莎（Charissa），
還有我的父母查理斯（Charles）和莉莉（Lily）

Contents 目錄

致謝

首先，我要感謝上帝給了我這次烘焙之旅的機會、熱情和靈感，這是四年前我從未想過的，祂必在背後支持了我的每一個創作。

感謝我的丈夫（我最好的朋友）一直陪伴著我，謝謝他總是善解人意，也對我的創作提出了許多看法與見解。

感謝我的父母無盡的愛與支持。若沒有他們，我將無法追求所愛，製作各式各樣的創意戚風蛋糕。（謝謝爸爸和媽媽！）

我也非常幸運，有我三個孩子的支持，他們是我許多作品背後的靈感。

我要感謝DG的愛與支持＝）．

我還要感謝與我一起烘焙的媽媽朋友們，特別是菲辛（Phay Shing）、克麗絲汀（Christine）和卡麗莎（Charissa）的烘焙小組，以及珊卓拉（Sandra）、朵麗絲（Doris）和一直以來給予我支持、友誼和鼓勵的朋友，共度了許多美好時光！

感謝我的編輯莉蒂亞（Lydia），我心目中最棒的編輯！她是如此體貼、親切、聰明又有趣，跟她合作是一件非常快樂的事！

感謝設計師班森（Benson）把這本書設計得這麼漂亮，還要感謝攝影師洪德（Hongde）出色的藝術作品、造型設計和專業精神！

也要感謝我喜愛的烘焙原料商：周氏集團有限公司（Chew's Group Limited）、奮發有限公司（Poon Huat & Co Pte Ltd）和Prima Flour對本書慷慨相助。

作者序

我從四年前開始烘焙造型戚風蛋糕，探索並分享戚風蛋糕如何呈現各種趣味橫生的造型，運用圖案和裝飾，讓戚風蛋糕在外觀和設計上媲美翻糖蛋糕或奶油蛋糕，卻又不影響味道或口感，這非常有趣。戚風蛋糕無論大人小孩都很喜歡，特別是基於健康因素，因為這種蛋糕使用的糖較少，而且非常輕巧、蓬鬆又好吃！

我的前兩本書《創意烘焙：戚風蛋糕》（Creative Baking: Chiffon Cakes）和《創意烘焙：造型戚風蛋糕》（Creative Baking: Deco Chiffon Cakes），都獲得了熱烈的回響。很多讀者看了這兩本書，然後試著照上面食譜做，做出來的蛋糕成品和口味都讓他們很滿意。許多人說，這是他們品嚐過最柔軟的戚風蛋糕，也喜歡那些能帶給家人和朋友快樂的創意與設計。

前兩本書著重在有趣和漂亮的造型設計，第三本書則是要幫助更多在家烘焙的人，掌握製作造型戚風蛋糕的基本技巧，包括製作分層、波浪和斑點、造型壓模，以及烤薄片蛋糕等等。一旦掌握了這些基本技巧，大家都能發揮創意，做出自己想要的蛋糕造型！

如果這是你第一次學做造型戚風蛋糕，希望你也能像我一樣享受製作造型戚風蛋糕的過程。我也想對那些一路上不斷支持和鼓勵我的人，說一聲謝謝！

願你用這些戚風蛋糕為所愛的人帶來幸福笑容！祝大家烘焙愉快！

Susanne
黃珊珊

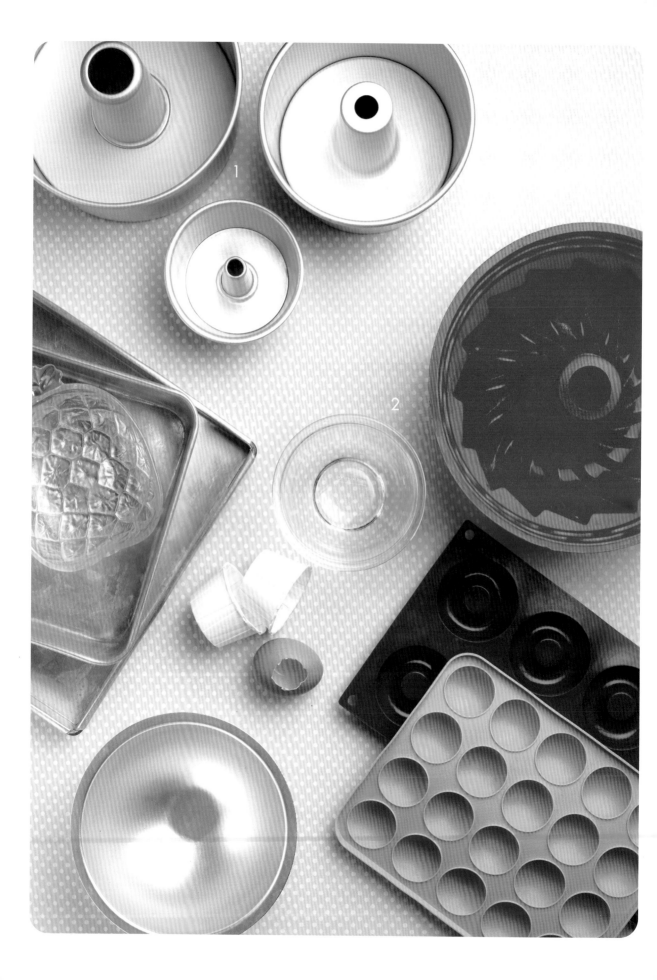

基本工具與設備
Basic Tools & Equipment

1 戚風蛋糕中空烤模

戚風蛋糕通常會用中空烤模烘烤，因為這種類型的蛋糕非常細膩，需要緊貼中心柱和烤模側壁，讓蛋糕能在烘烤過程中升起，也能防止冷卻時下沉。因此，為了讓蛋糕附著在烤模上，戚風蛋糕中空烤模不能抹油，也不能是防沾材質。標準的戚風蛋糕中空烤模尺寸為 15 公分、18 公分和 23 公分。

製作單色戚風蛋糕時，容量通常是：

15 公分戚風蛋糕中空烤模：2 顆蛋黃和 3 顆蛋白

18 公分戚風蛋糕中空烤模：3 顆蛋黃和 4 顆蛋白

23 公分戚風蛋糕中空烤模：6 顆蛋黃和 8 顆蛋白

雙色或彩虹戚風蛋糕通常需要額外加一或兩顆雞蛋，因為在攪拌碗之間移動麵糊時會少掉一些雞蛋。

剛出爐的冷卻階段，必須將中空烤模倒置，趁蛋糕結構還沒穩定，透過重力將蛋糕體拉伸到最高。

2 其他類型的模具

經過許多嘗試，我發現戚風蛋糕可以用各種模具進行烘烤，只要體積不會太大，而且戚風蛋糕能夠緊貼表面即可，像是玻璃碗、造型金屬模具、矽膠模具、圓錐紙模和蛋殼等都適用。

體積較大的模具（例如：玻璃碗和金屬模具）最好在冷卻階段倒置，避免蛋糕下沉。如果是較小的模具，倒置就不會影響蛋糕冷卻後的高度。

至於要如何準備蛋殼模具，先在雞蛋的窄端開一個小洞，倒出蛋液，把蛋殼清洗乾淨，再去除蛋殼內壁的白膜。

這些食譜中，我還有用淺烤盤來烘烤裝飾用的薄片戚風蛋糕。使用的淺烤盤大小取決於所需的裝飾圖案。如果需要的圖案很小，可以使用最小的烤盤尺寸（15 公分 ×15 公分）。

3 烘焙紙

烘焙紙也稱為羊皮紙或防油紙，製作薄片蛋糕時，可以在烤盤鋪上烘焙紙，方便你把蛋糕從烤盤取出。如果是戚風蛋糕中空烤模、玻璃碗或金屬模具，就不能使用烘焙紙。

4 料理秤

由於製作戚風蛋糕的原料用量通常較少，而且有些食譜還要求精確度達到 1 克，所以建議使用電子秤。電子秤的另一個好處是有扣重歸零功能，能夠減去容器的重量，並只顯示材料的重量。如果食譜上說要將麵糊分成多個部分，這個功能就非常有用。

5 量匙

量匙通常為一組：1/8 茶匙、1/4 茶匙、1/2 茶匙、1 茶匙和 1 湯匙。這些量匙可以用來測量液體和乾性材料。測量液體材料時，將量匙盛滿而不溢出；測量乾性材料時，則是將量匙裝滿，再用抹刀或小刀刮去多餘的部分，讓材料與量匙切平。

6 篩網

麵粉、泡打粉或可可粉等乾性材料需要用細篩網來過篩，過篩可以去除麵粉中的結塊，也讓麵粉更蓬鬆輕盈，更容易與麵糊結合而不易產生顆粒，可以製作出更鬆軟可口、細緻綿密的蛋糕。

7 電動攪拌器

建議使用手持式電動攪拌器混合蛋黃麵糊，攪拌過程中也能把空氣拌入麵糊裡。記得將電動攪拌器設為低速或中速，再來攪打蛋黃麵糊。

如果是製作蛋白霜，可以使用手持式或桌上型攪拌器。手持式攪拌器需要很高的速度才能把蛋白打至中性發泡，所以如果你使用同一台攪拌器來攪拌蛋黃和打發蛋白，最好用可以自行調整速度的手持式攪拌器。

攪拌蛋黃麵糊後，務必徹底清潔攪拌器的配件，確定已清洗乾淨且沒有留下油脂，才可以拿來打發蛋白，不然油脂可能會阻礙蛋白發泡。

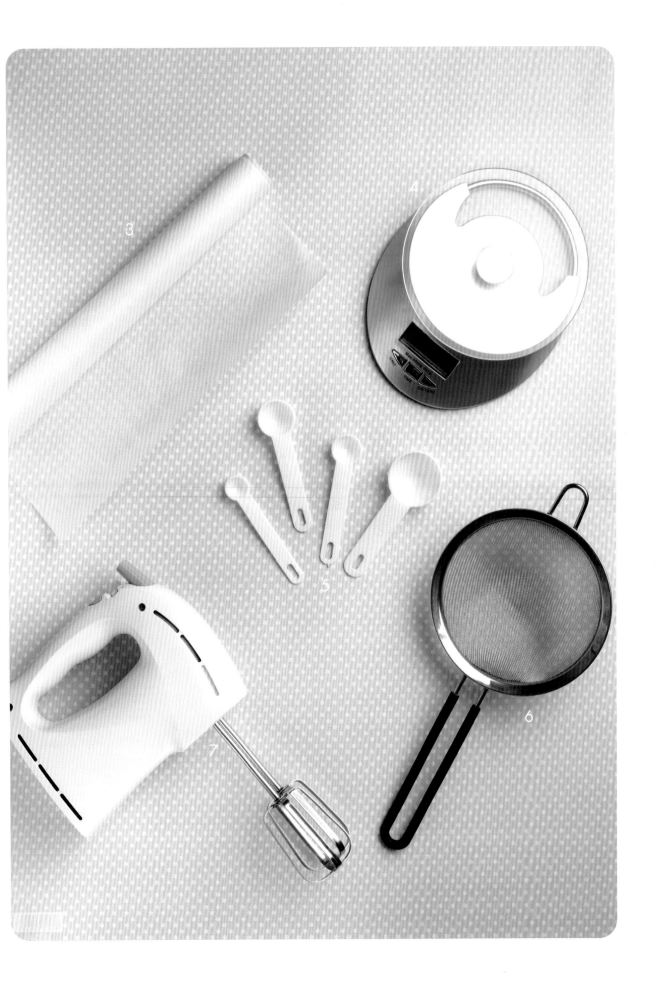

8 攪拌碗

手邊準備幾個大小各異的攪拌碗：小碗用來裝蛋黃麵糊，蛋白用較大的碗盛裝，因為蛋白打發成蛋白霜之後，體積會增加很多倍。蛋白霜的攪拌碗必須不含油脂，而且不能是塑膠材質，最好是用金屬和玻璃攪拌碗來做蛋白霜。

9 糕點刷

蛋糕的某些部分可以刷上糖漿來保持濕潤，特別是組裝需要花比較多時間的設計。

10 矽膠刮刀與矽膠打蛋器

蛋白霜要非常輕柔地混拌進蛋黃麵糊中，建議使用富彈性的矽膠刮刀或矽膠打蛋器，輕輕朝同一個方向切拌均勻。

11 蛋糕刮板

製作薄片蛋糕時，可以用蛋糕刮板把烤盤中的麵糊抹平，烤出來的蛋糕就會厚度一致。

12 餅乾模或推壓模

用圓形、心形、花朵和星星等各種形狀的模具在薄片蛋糕上切出形狀，可以拿來簡單裝飾蛋糕。

13 烤箱溫度計

由於戚風蛋糕對溫度的變化極為敏感，許多食譜會要求循序降低溫度，各個烤箱的反應時間也不盡相同，所以特別需要烤箱溫度計來監控烤箱的溫度。舉例來說，我的小烤箱就要比大烤箱多花 2 分鐘的時間來適應溫度變化，所以烤好後別忘了用探針檢查蛋糕是否熟透。

14 擠花嘴與擠花袋

製作造型戚風蛋糕時，一般會使用 0.2 ～ 0.3 公分的圓形擠花嘴做出各式花樣。如果沒有擠花嘴，也可以直接在拋棄式擠花袋的尖端剪一個 0.2 或 0.3 公分的洞。

基本材料
Basic Ingredients

* 乾性材料

1

低筋麵粉

通常會用低筋麵粉來做戚風蛋糕，而不是中筋麵粉，因為低筋麵粉的麩質含量較低（約 7.5 ～ 9%），做出來的蛋糕口感會比較鬆軟細膩。使用前將低筋麵粉過篩，可以讓空氣均勻混入麵粉當中，去除麵粉中的結塊，還能使麵粉更容易與麵糊結合，才不會攪拌過度。

你也可以選擇用特細麵粉，或是用中筋麵粉自製低筋麵粉，如果是每 120 克的中筋麵粉，用 2 湯匙的玉米澱粉（corn starch）取代 2 湯匙的中筋麵粉，混合後過篩 6 ～ 7 次，就能做為低筋麵粉使用。

2

糖

本書所有食譜的蛋黃麵糊和蛋白霜都是使用細砂糖。細砂糖比普通砂糖顆粒更細，溶解速度更快，特別適合用來打發蛋白霜。細砂糖可不是糖粉，別搞混了，糖粉是砂糖研磨成的粉末，有時候會加入玉米澱粉來防止結塊。千萬別用普通砂糖或糖粉代替這些食譜中的細砂糖，會影響蛋糕的口感。

3

塔塔粉

打發蛋白霜時，塔塔粉可以用來穩定蛋白，還有助於提高蛋白霜的耐熱性和體積。塔塔粉基本上就是酒石酸氫鉀，由酒石酸製成，這種成分有穩定蛋白霜的作用。製作戚風蛋糕時，每顆蛋白通常只需要 1/16 茶匙或一小撮塔塔粉，過多的塔塔粉會讓蛋糕吃起來帶有酸味。也可以用檸檬汁或白醋來代替塔塔粉，1/2 茶匙的塔塔粉可用 1 茶匙的檸檬汁或白醋代替。

4

泡打粉

如果使用正確的方式打發和拌勻蛋白霜，對於蓬鬆輕盈的戚風蛋糕來說，通常不需要泡打粉。不過，也有一些例外，如果蛋糕需要加容易讓麵糊消泡的食材，像是大量的柑橘類果皮、可可粉或紅麴粉，或食譜中的材料有南瓜泥和蜂蜜等濃稠液體，我們就需要用到泡打粉。

5 可可粉

可可粉依製程分成兩種：天然可可粉和荷蘭式可可粉（鹼性可可粉）。本書食譜所使用的都是荷蘭式可可粉，為方便起見，我們簡稱為可可粉。

天然可可粉和荷蘭式可可粉都是由可可豆製成，但製作荷蘭式可可粉時，會先將可可豆浸泡在鹼性溶液中，再進行乾燥，這會降低酸度，顏色也會變得比較深，同時減少巧克力的苦澀味，讓香氣更加濃郁。這兩種可可粉都是烘焙常用的材料，如果是用天然可可粉，通常需要蘇打粉與酸性的可可粉，進行酸鹼中和反應，產生二氧化碳氣體，有助於蛋糕膨脹，並避免戚風蛋糕中出現大洞。如果使用荷蘭式可可粉，就只需要用泡打粉。

6 鹽

這些戚風蛋糕食譜中，只需要少量的鹽就有助於讓蛋糕味道鮮活、引出食材風味，還能平衡蛋糕的甜味。

＊濕性材料

7 雞蛋

本書所有食譜都是使用平均重量為 60 克（帶殼）的中型雞蛋。

戚風蛋糕製作時會先把蛋白與蛋黃分開。剛從冰箱拿出的蛋比較好分離蛋白與蛋黃，但室溫下的雞蛋有助於蛋白打發得更蓬鬆。可以趁雞蛋還冰冷時先分離蛋白與蛋黃，室溫下靜置 10〜15 分鐘等待回溫之後，再打發蛋白。

最好另外拿一個碗來分離蛋白和蛋黃，以免蛋黃破裂混入蛋白中。蛋黃的油脂會阻礙蛋白打發。

新鮮雞蛋（放不到 4 天）的蛋白更容易打出美麗且穩定的戚風蛋糕蛋白霜。雞蛋如果存放較久，蛋白會比較稀薄像水，由於液體更容易分離，所以打發出來的蛋白霜也較不穩定。把雞蛋存放在陰涼處有助於保持新鮮。

8 油

我使用的是植物油或玉米油〔栗米油〕，但這些食譜也可以用任何口味清爽溫和的植物油。比起用奶油〔牛油〕製作的蛋糕，用植物油做的戚風蛋糕會更蓬鬆有空氣感。以我的經驗來說，使用植物油或玉米油做出來的蛋糕，味道和口感上沒有太大差別。

9 液體（水／果泥／果汁／牛奶／椰奶／優格〔乳酪〕）

除了油之外，戚風蛋糕通常還會有水、果泥、果汁、牛奶或優格等液體成分。麵粉混和較高比例的液體雖然會讓穩定性變差，卻也能讓戚風蛋糕更加柔軟，所以我不斷修正調整這些食譜的比例，盡可能維持穩定，同時又能達到最柔軟綿密的狀態。因此比例格外重要，精準測量是蛋糕成功的關鍵。

10 香精與香料

這些食譜中會用到少量的香精與香料，例如香草精、草莓香精和斑蘭精等，為蛋糕增添風味。這些香精與香料大多是用小瓶子裝，烘焙用品店和某些超市都能買到。

某些食譜會用柑橘類水果（例如：橘子和檸檬）的皮屑來調味蛋糕。磨下柑橘類水果表面薄且有顏色的部分，避免磨到裡面白色的那一層，會有苦味。皮屑跟香精、香料有一樣的作用，都有助於提升烘焙的香氣和味道。

11 食用色素

雖然人工合成色素會讓蛋糕的色彩更鮮豔，但我還是盡量在烘焙中使用天然的食材來調色，像是可可粉、竹炭粉、紅麴粉和抹茶粉。

食用色素分成液體和膠狀，我比較喜歡用膠狀的食用色素，因為比液體色素濃縮得多，只需要用很少的量就會有鮮豔的顏色。用牙籤或探針的尖端沾一點點食用色素，再放入蛋黃麵糊來調色，依自己需求調整顏色深淺。特別要注意的是，蛋黃麵糊加入蛋白霜之後，顏色會變淺。

※ 書中〔 〕表示為香港用語。

組裝和裝飾用品
Assembly & Deco Essentials

棉花糖漿

棉花糖漿可以用來黏合蛋糕。在可用於微波爐的碗中放入 3～4 顆白色棉花糖，灑一些水，再以高火力微波 30 秒，拿出後攪拌均勻，棉花糖漿就做好了。

如果做出來的棉花糖漿太濃，可以加幾滴熱水攪拌。如果太稀，就再加 1～2 顆棉花糖，然後重複加熱和攪拌。

或者，也可以隔水加熱來融化棉花糖，加熱的同時一邊攪拌。

糖漿

蛋糕的某些部分可以刷上糖漿來保持濕潤。

依照你想要的甜度或濃稠度，將糖和水以 1：2 或 1：3 的比例混合（例如：10 克的糖和 20～30 克的水）。

把水加熱，接著在熱水中加入糖，並攪拌至溶解。先將糖漿放置一旁，冷卻後再使用。

融化的非調溫巧克力

如果沒有棉花糖漿,也可以把融化的巧克力用刷子刷在蛋糕上,來黏合蛋糕。

還能把巧克力融化後運用在蛋糕上做擠花裝飾,把融化的巧克力填入小擠花袋中,尖端剪一個小洞,就可以用來擠花了。

融化巧克力的做法是,把一個耐熱碗放在一鍋煮滾的水上,再把少量的巧克力(10 ～ 20 克)放進碗裡,攪拌至巧克力融化即可。或者,也可以裝在微波爐適用的容器,微波加熱 30 秒,攪拌至滑順均勻。

竹炭醬/可可醬

竹炭醬或可可醬是竹炭粉或可可粉與熱水混合而成的濃醬,可用來做蛋糕的擠花裝飾。

將 1 茶匙的熱水加入 1 ～ 1.5 茶匙的竹炭粉或可可粉中,充分拌勻成濃稠的狀態,即為竹炭醬或可可醬。再用湯匙填入小擠花袋中,尖端剪一個小洞,方便之後拿取使用。

戚風蛋糕小叮嚀

蛋白霜的品質

蛋白霜的品質好壞是戚風蛋糕成功與否的關鍵，好的蛋白霜才能做出蓬鬆柔軟、冷卻時不會塌陷的蛋糕。蛋白霜如果打發不夠（軟性和濕性發泡），烤出來的蛋糕口感會比較濕軟綿密，如果打發過頭（硬性和乾性發泡），容易造成戚風蛋糕有裂痕或表面爆裂，質地也會比較粗糙乾硬。製作戚風蛋糕時，蛋白霜最好打到中性發泡或接近硬性發泡，攪拌器上蛋白霜的尖端微彎而不會過硬，盆子即使倒扣也不會流下蛋白霜，這樣就是最完美的狀態。打發蛋白霜的容器則是要選用乾燥且沒有油脂殘留的碗，不要使用塑膠碗。

使用新鮮雞蛋

想做出完美的蛋白霜，不只要依正確的方式打發，還要選用新鮮的雞蛋。雞蛋最好存放在陰涼乾燥處，有助於保持新鮮。

涼爽環境下快速完成

蛋白霜容易因為溫度高和濕度大而消泡，所以蛋白霜打發後，要趕快接續後面的步驟。盡可能不要放超過 8～10 分鐘，如果擺放太久，蛋白霜消泡坍塌後，成品的底部可能會出現許多孔洞或過於紮實。

輕柔切拌均勻

蛋白霜分三次倒入蛋黃麵糊，通常會先取 1/3 的蛋白霜拌入蛋黃麵糊中，降低麵糊的密度，以利後續和蛋白霜的混合。朝同一個方向輕輕切拌，一邊慢慢旋轉攪拌碗，混合均勻就好，攪拌過頭會讓蛋糕口感紮實，烤不出蓬鬆感。

放在烤箱最底層

戚風蛋糕一般會放在烤箱最底層烘烤，避免蛋糕表面裂開和太快上色。戚風蛋糕也不會因為一開始就上升或膨脹過快，造成出爐後收縮和塌陷的問題。

戚風蛋糕保存方法

把戚風蛋糕包好或裝在密封容器中，避免蛋糕的水分流失。如果還沒有要馬上使用，可以先刷上糖漿。戚風蛋糕密封後，置於常溫下最多可保存 2 天，冷藏下最多可保存 5 天。

戚風蛋糕倒置冷卻

用中空烤模或大型模具烤出來的戚風蛋糕，出爐後要倒置冷卻，蛋糕才不會在結構還不穩定時，就因自身重量過重而塌陷。記得把蛋糕倒置在墊高的冷卻架上，保持下方的空氣流通，通風不良會讓水氣凝結，造成蛋糕的表面濕黏。也可以用電風扇吹蛋糕來加速冷卻，促進空氣流通。

造型戚風蛋糕製作訣竅

如何避免蛋糕出現一層褐色微硬的外皮，少了蛋糕應有的漂亮色澤？

蛋糕要烤到熟透，但也不要讓顏色變得太深。不妨多嘗試幾次，從錯誤中學習，找出自己烤箱最適合的溫度。

可以用烤箱溫度計來測量烤箱的確切溫度，每次嘗試時，都稍微降低烤箱溫度，延長烘烤時間，烤到蛋糕熟透但沒有一層褐色微硬的外皮，就是最適合的溫度。也可以從比較低的溫度開始往上調，如果是 140℃，大約需要烤 55 分鐘，但是 18 公分以上的蛋糕就不太適合從低溫開始，烘烤時間會太長，這種大小的蛋糕最好從較高溫度開始，再逐漸降低溫度。

如何蒸烤戚風蛋糕？

如果找不到自己烤箱適合的溫度，每次烤出來的表面顏色和質感都不盡理想，不妨試試看用蒸氣烘烤。在烤盤中倒入 0.5 ～ 0.8 公分深的熱水，放在烤箱最底層的架子下方，有助於降低烤箱溫度，所以可能會需要多烤 5 ～ 10 分鐘（依自己烤箱特性而定）才能把蛋糕完全烤熟。烤好之後，應該會蒸發掉 2/3 的熱水。

蛋糕表皮濕黏該怎麼辦？

如果蛋糕表皮濕黏，很可能是因為沒有烤熟，可以再多烤 5~10 分鐘，烤到蛋糕表面不會濕黏即可。如果放了一天之後才產生濕黏的一層，這是正常的現象，特別是在潮濕的環境，由於蛋糕成分中含糖，糖又具有吸濕的特性，很容易吸附周圍空氣的水分。可以在表面輕輕蓋上一張烘焙紙，再把烘焙紙撕掉，就能連帶撕起濕黏的那一層。

蛋糕黏在模具上怎麼處理？

戚風蛋糕沒烤熟或烤過頭（出現褐色微硬外皮）都有可能沾黏在模具上。如果發生這種情況，可以用薄刀輕輕切開黏住的部分，再繼續用手將蛋糕脫模。

蛋黃麵糊

蛋黃 3 顆
細砂糖 20 克
植物油／玉米油 39 克
柳橙汁 48 克
柳橙皮屑 1 顆半
低筋麵粉 60 克（過篩）
鹽少許

蛋白霜

蛋白 4 顆
塔塔粉 1/4 茶匙
細砂糖 45 克

裝飾技巧

柳橙汁也可以換成等量的別種液體，且不加皮屑來改變蛋糕的味道。如果是用香精調味，只要補上足夠克數的水就好。舉例來說，5 克的香草精〔雲呢拿油〕就要再加 43 克的水。

1. 烤箱預熱 160°C，準備一個 18 公分的圓形戚風蛋糕中空烤模。

2. 製作蛋黃麵糊備用。把蛋黃和糖放入攪拌碗中，再用電動攪拌器以中速打至顏色變淺。

3. 倒入油、柳橙汁和柳橙皮屑，混合均勻。

4. 加入過篩好的麵粉和鹽，攪拌至滑順無顆粒。確定麵粉都拌勻後，先放置一旁。

5. 製作蛋白霜備用。將蛋白和塔塔粉放入乾淨無油的攪拌碗中，用攪拌器高速打至起泡。

6. 先加一半的糖，以高速攪拌至軟性發泡，攪拌器上蛋白霜的尖角明顯下垂。

7. 加入剩下的糖，再繼續用高速攪拌至中性發泡，尖峰成形但尖端微彎。

8. 一次取 1/3 的蛋白霜混入蛋黃麵糊中，用有彈性的矽膠刮刀，輕輕朝同一個方向切拌均勻。

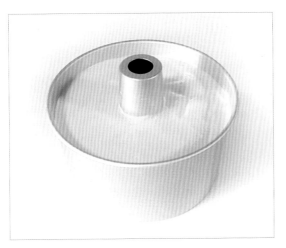

9. 將麵糊倒入戚風蛋糕中空烤模，至距離烤模邊緣約 2 公分的位置。把烤模拿起輕敲檯面幾下，消除麵糊中的氣泡。

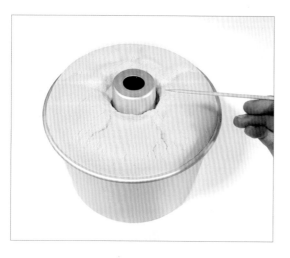

10. 先用 160°C 烤 15 分鐘，再調至 140°C 續烤 30 分鐘，用探針或竹籤插入蛋糕中心，取出沒有沾黏就是烤好了。

11. 也可以用蒸氣烘烤（第 23 頁）的方式，140°C 烤 1 小時。

12. 出爐後，先在網架上倒置放涼，等到完全冷卻再脫模。

　　＊倒置能避免蛋糕在冷卻過程中，因自身重量而塌陷。戚風蛋糕完全冷卻需要約 1.5 小時，可以吹電風扇來加速冷卻。

13. 脫模方式為沿著烤模周圍把蛋糕往內側輕壓，一邊旋轉烤模，讓蛋糕與側壁分離。

14. 拿起中空烤模的活動式底座，蛋糕的側面便會脫離模具。

15. 一隻手輕輕將蛋糕從烤模底座提起，另一隻手支撐底座，一邊旋轉蛋糕，讓蛋糕與底座分離。

16. 底部朝上倒過來，再拿起烤模底座，蛋糕即完整脫模了。

烤戚風薄片蛋糕

25公分方形薄片蛋糕作法

蛋黃麵糊
蛋黃 2 顆
細砂糖 14 克
植物油／玉米油 26 克
水 34 克
低筋麵粉 40 克（過篩）

蛋白霜
蛋白 3 顆
塔塔粉 1/4 茶匙
細砂糖 30 克

裝飾技巧
薄片蛋糕基本上是用淺烤盤做成薄片形狀的戚風蛋糕。如果你要做的造型需要不同顏色的薄片蛋糕，可以在蛋黃麵糊加些食用色素來改變顏色。

1. 烤箱預熱 160°C，準備一個 25 公分的方形烤盤，鋪上烘焙紙。

2. 製作蛋黃麵糊備用。將蛋黃和砂糖攪拌至顏色變淡，接著倒入油，混合均勻後再加水混勻，放入已經過篩好的麵粉，攪拌至麵糊滑順沒有結塊。
   ＊如果想要改變薄片蛋糕的顏色，製作蛋黃麵糊時就把食用色素和水一併加入。

3. 製作蛋白霜備用。用電動攪拌器將蛋白和塔塔粉打至起泡，分次加糖攪拌至中性發泡。

4. 蛋白霜分三次拌入蛋黃麵糊，以切拌的方式輕輕混合。

5. 將麵糊倒入準備好的烤盤中。

6. 用蛋糕刮板把麵糊抹平。

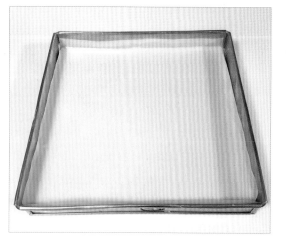

7. 拿起烤盤在桌面輕敲幾下，把氣泡敲出來。

8. 160°C 烤 15 分鐘。

9. 薄片蛋糕烤好後，倒置在一張烘焙紙上，讓蛋糕冷卻。

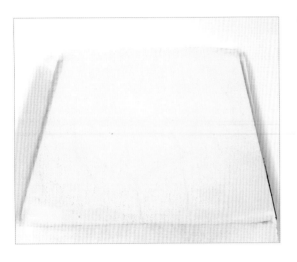

10. 撕掉薄片蛋糕上的烘焙紙，再放在砧板或烤盤上。

11. 用餅乾模或刀子切出所需的形狀。

＊我最常用的是花模（用於裝飾）和6公分的圓形切模（用來覆蓋在杯子蛋糕的表面，也可以用來遮住戚風蛋糕中空烤模烤出來的中間空洞）。

製作分層戚風蛋糕

三色西瓜蛋糕
18公分圓形蛋糕作法

蛋黃麵糊

蛋黃 5 顆
細砂糖 27 克
植物油 65 克
草莓優格飲〔士多啤梨乳酪飲品〕
85 克
香草精〔雲呢拿油〕8 克
低筋麵粉 100 克（過篩）
斑蘭精〔斑蘭香油〕1/4 茶匙
草莓香精〔士多啤梨香油〕1 茶匙

蛋白霜

蛋白 7 顆
塔塔粉 1/4 茶匙
細砂糖 75 克

裝飾技巧

改變麵糊的顏色來製作你喜歡的蛋糕設計。不妨用這個技巧製作彩虹蛋糕或漸層蛋糕！

1. 烤箱預熱 160°C，準備一個 18 公分的圓形戚風蛋糕中空烤模。

2. 製作蛋黃麵糊備用。蛋黃加入砂糖攪拌至溶解，倒入植物油，再加入草莓優格飲和香草精，攪拌均勻。倒入已經過篩好的麵粉，攪拌至滑順無顆粒。

3. 將蛋黃麵糊分成三部分：原色麵糊 10 茶匙，綠色麵糊 15 茶匙（加入斑蘭精），剩下的用於粉紅色麵糊（加入草莓香精）。

4. 把麵糊攪拌均勻。

5. 製作蛋白霜備用。用電動攪拌器將蛋白和塔塔粉打發呈泡沫狀，分次加糖攪拌至中性發泡。
   ＊製作分層蛋糕時，只需打到拿起攪拌器時，蛋白霜尖端呈現微硬，而非硬挺的狀態，方便與麵糊拌合。

6. 每份麵糊的蛋白霜用量：原色麵糊需要 20 湯匙（50 克），綠色麵糊會用到 30 湯匙（75 克），剩下的蛋白霜則用於粉紅色麵糊。

7. 將蛋白霜分別混入三種顏色的麵糊，輕輕切拌均勻。

8. 用湯匙把粉紅色麵糊均勻盛入中空烤模，裝到烤模約 3/5 的位置，用湯匙或刮刀輕輕抹平，再輕敲烤模消除氣泡。

9. 輕輕盛入下一層的原色麵糊，盡可能不要影響到前面已經鋪好的那一層。先從外圈開始鋪起，成品外觀的分層會看起來較為平整，也能避免由內向外抹開時，不小心混到前一層。

10. 外圈鋪好後，繼續把麵糊盛入內圈，用湯匙或刮刀輕輕抹平。

11. 再用湯匙輕輕盛入下一層的綠色麵糊，小心不要毀了前一層。作法跟前一層一樣，先從外圈開始，確保這一層的外觀同樣平整。

12. 綠色這層的外圈鋪好後，再將麵糊盛入內圈，用湯匙或刮刀輕輕抹平。

13. 裝到距離烤模邊緣 1.5 公分的位置，輕敲烤模消除氣泡。先用 160°C 烤 15 分鐘，再調至 140°C 烤 30 分鐘，用探針或竹籤插入蛋糕中心，取出沒有沾黏就是烤好了。
＊或是用蒸氣烘烤（第 23 頁），設定 140°C 烤 1 小時。

14. 烤好之後要先倒置在網架上，至完全冷卻才能脫模。

15. 烤一片黑色薄片蛋糕（第 30 頁），裁切出多個淚珠的形狀，再用棉花糖漿（第 20 頁）黏在蛋糕上做裝飾。

製作波浪花紋

花園蛋糕
18公分圓形蛋糕作法

蛋黃麵糊

蛋黃 3 顆
細砂糖 27 克
植物油 54 克
水 59 克
香草精〔雲呢拿油〕7 克
低筋麵粉 80 克（過篩）
斑蘭精〔斑蘭香油〕1/2 茶匙

蛋白霜

蛋白 5 顆
塔塔粉 1/4 茶匙
細砂糖 60 克

裝飾技巧

透過改變麵糊的顏色，做出自己喜歡的蛋糕造型。還可以用餅乾模把薄片蛋糕切成想要的形狀，或用各種小模具（蛋殼、棒棒糖蛋糕模具等）烤蛋糕來做裝飾。

1. 烤箱預熱 160°C，準備一個 18 公分的圓形戚風蛋糕中空烤模。

2. 製作蛋黃麵糊備用。將蛋黃和砂糖均勻混合，攪拌至顏色變淡，倒入植物油，再加入水和香草精，攪拌均勻。倒入已經過篩好的麵粉，攪拌至滑順無顆粒。

3. 把蛋黃麵糊分成 2 等分（每份 20 茶匙），其中一份加入斑蘭精並混合均勻。

4. 製作蛋白霜備用。用電動攪拌器將蛋白和塔塔粉打發呈泡沫狀，分次加糖攪拌至中性發泡。

5. 把蛋白霜分成 2 等分。
   ＊可用料理秤測量，讓份量更準確。

6. 將蛋白霜分別拌入兩份麵糊，一次取 1/3 的量輕輕拌勻。

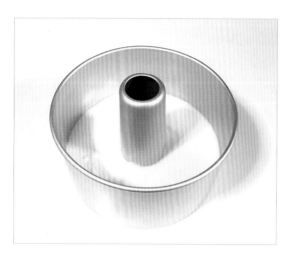

7. 用湯匙將原色麵糊盛入烤模底部至 2 公分厚。

8. 沿著烤模側面等間隔一匙一匙放入原色麵糊。

9. 用筷子或竹籤混合後來盛入的麵糊和原本底層之間的交界，讓相連處變得平滑。

10. 用筷子或竹籤調整麵糊的形狀，整理成兩邊凸起之間的低凹處都呈現光滑的 U 字型。

11. 用小茶匙舀綠色麵糊填滿低凹處。

12. 低凹處填滿之後，繼續用綠色麵糊覆蓋原色麵糊，填到距離烤模邊緣 1.5 ～ 2 公分的位置，輕敲烤模消除氣泡。

13. 先用 160℃ 烤 15 分鐘，再調至 140℃ 烤 30 分鐘，用探針或竹籤插入蛋糕中心，取出沒有沾黏就是烤好了。
    ＊ 或是用蒸氣烘烤（第 23 頁），設定 140℃ 烤 1 小時。

14. 烤好之後要先倒置在網架上，等到完全冷卻才能脫模。

15. 用薄片蛋糕切出的圖案，或其他模具烤製的蛋糕來做自己喜歡的造型蛋糕裝飾。

製作斑點圖案

藍天白雲蛋糕
18公分圓形蛋糕作法

蛋黃麵糊

全蛋 1 顆
細砂糖 27 克
植物油／玉米油 53 克
水 51 克 +2 克
香草精〔雲呢拿油〕7 克
低筋麵粉 80 克（過篩）
蝶豆花濃縮液 8 克
（40 朵乾燥蝶豆花加入 10 克的
熱水，浸泡 15 ～ 30 分鐘後過濾）
或是用淺藍色膠狀食用色素混合 8
克的水
淺藍色膠狀食用色素

蛋白霜

蛋白 5 顆
塔塔粉 1/4 茶匙
細砂糖 60 克

裝飾技巧

改變蛋糕的顏色來達到你
想要的效果，製作出動物
斑點或迷彩圖案！

1. 烤箱預熱 160℃，準備一個 18 公分的
   圓形戚風蛋糕中空烤模。

2. 製作蛋黃麵糊備用。將蛋黃和砂糖均勻
   混合，攪拌至顏色變淡，倒入油、51 克
   的水和香草精，攪拌均勻。倒入已經過
   篩好的麵粉，攪拌至滑順無顆粒。

3. 將蛋黃麵糊分成兩部分：一部分是 3/4
   的麵糊，另一部分為 1/4 的麵糊。

4. 麵糊份量較多的那一份加入蝶豆花濃縮
   液和少許藍色食用色素，混合均勻。
   ＊ 如果沒有蝶豆花，無法製作濃縮液，
   也可以用等量的水混合藍色食用色素來
   代替。

5. 把 2 克的水倒入份量較少的麵糊中，混
   合均勻。

6. 製作蛋白霜備用。用電動攪拌器將蛋白和塔塔粉打發呈泡沫狀，分次加糖攪拌至中性發泡。

7. 將蛋白霜分成兩部分：3/4 的蛋白霜和剩下的 1/4 蛋白霜。
   ＊ 可用料理秤測量，讓份量更準確。

8. 蛋白霜份量較多的那一份拌入藍色麵糊，一次取 1/3 的量輕輕拌勻。

9. 份量較少的蛋白霜也是用同樣的方法拌入原色麵糊。

10. 將原色麵糊一匙一匙隨意放入烤模底部，創造出雲朵般的形狀。

11. 用藍色麵糊填滿原色麵糊周圍的空間。

12. 先用藍色麵糊輕輕把「雲朵」覆蓋起來，再繼續鋪下一層的「雲朵」。

13. 沿著烤模側面隨意多放幾湯匙的原色麵糊。中間也可以點綴幾多白雲，這樣切開蛋糕後，剖面也能看到一些「雲朵」。

14. 繼續用藍色麵糊覆蓋原色麵糊。

15. 重複步驟 13 和 14，到距離烤模邊緣 2 公分為止。

16. 先用 160°C 烤 15 分鐘，再調至 140°C 烤 30 分鐘，用探針或竹籤插入蛋糕中心，取出沒有沾黏就是烤好了。
    ＊ 或是用蒸氣烘烤（第 23 頁），設定 140°C 烤 1 小時。

17. 一出爐就先倒置在網架上，等到完全冷卻才能脫模。

製作豎立扇形

三等分三味蛋糕
18公分圓形蛋糕作法

蛋黃麵糊

蛋黃 4 顆

細砂糖 27 克

植物油／玉米油 47 克

水 53 克

低筋麵粉 80 克（加入少許泡打粉一起過篩）

抹茶粉 2 茶匙（用 10 克的熱牛奶泡開）

即溶咖啡粉 2.5 茶匙或可可粉 2.5 茶匙（用 10 克的熱牛奶泡開）

豆漿粉 3 茶匙（用 10 克的熱豆漿泡開）

蛋白霜

蛋白 6 顆

塔塔粉 1/4 茶匙

細砂糖 60 克

裝飾技巧

依照自己的喜好把蛋糕分成幾個區塊，只需要把蛋黃麵糊和蛋白霜分成相應的等分，再將每等分調成不同的顏色。最後用餅乾模從薄片蛋糕切出各種形狀來裝飾蛋糕。

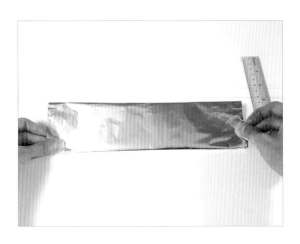

1. 烤箱預熱 160°C，準備一個 18 公分的圓形戚風蛋糕中空烤模。

2. 準備 3 張用來製作分隔板的鋁箔紙〔錫紙〕。

3. 每張鋁箔紙都摺疊到剛好能卡進烤模的大小，摺疊 2 ～ 3 次增加鋁箔紙的厚度。

   ＊這種蛋糕最好用側壁是垂直的烤模，才不需要為了配合烤模的形狀，多費心力摺疊鋁箔紙。

4. 摺好之後試放看看，確定每個分隔板都
   能剛好放進烤模。

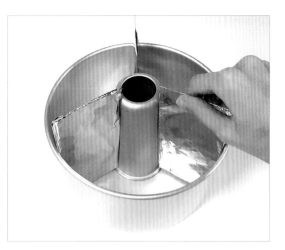

5. 把 3 個分隔板等距排入烤模內，將烤模
   分成 3 個相等的扇形區塊。

6. 製作蛋黃麵糊備用。將蛋黃和砂糖均勻
   混合，攪拌至顏色變淡，倒入油，再加
   水攪拌均勻。倒入加了泡打粉一起過篩
   的麵粉，攪拌至滑順無顆粒。

7. 將蛋黃麵糊分成 3 等分，分別加入不同
   的調味（抹茶、咖啡或可可、豆漿），
   混合均勻。

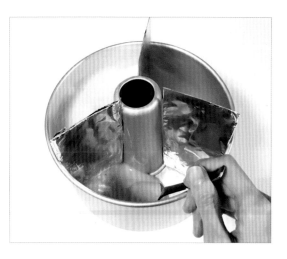

8. 製作蛋白霜備用。用電動攪拌器將蛋白
   和塔塔粉打發呈泡沫狀，分次加糖攪拌
   至中性發泡。

9. 將蛋白霜分成 3 等分，分別拌入不同口
   味的麵糊，一次取 1/3 的量輕輕拌勻。

10. 用湯匙把麵糊輕輕盛入烤模，一個區塊
    放一種口味，麵糊距離烤模邊緣要留下
    約 2 公分的位置。
    ＊動作盡量輕柔快速，以免麵糊消泡。
    記得用湯匙舀取，而不是把麵糊整碗倒
    入烤模。

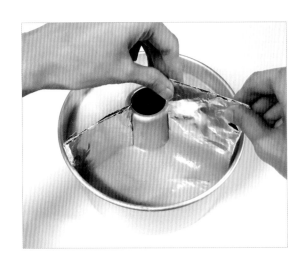

11. 用雙手抽出烤模中的分隔板。

12. 拿起分隔板的動作要輕，而且要垂直向上。

13. 先用 160°C 烤 15 分鐘，再調至 140°C 烤 30 分鐘，用探針或竹籤插入蛋糕中心，取出沒有沾黏就是烤好了。
    ＊ 或是用蒸氣烘烤（第 23 頁），設定 140°C 烤 1 小時。

14. 一出爐就先倒置在網架上，等到完全冷卻才能脫模。

15. 用薄片蛋糕切出的圖案或其他模具烤製的蛋糕，來做想要的造型蛋糕裝飾。

蛋糕中的
隱藏圖案與驚喜

飛機蛋糕
18公分圓形蛋糕作法

薄片蛋糕

＊蛋黃麵糊
蛋黃 2 顆
細砂糖 14 克
植物油 26 克
水 34 克
低筋麵粉 40 克

＊蛋白霜
蛋白 3 顆
塔塔粉 1/4 茶匙
細砂糖 30 克

雙色戚風蛋糕

＊蛋黃麵糊
蛋黃 3 顆
細砂糖 20 克
植物油／玉米油 39 克
水 42 克
香草精〔雲呢拿油〕5 克
低筋麵粉 60 克（過篩）
橘色和紫色膠狀食用色素

＊蛋白霜
蛋白 4 顆
塔塔粉 1/4 茶匙
細砂糖 45 克

裝飾技巧

烤模側面也可以不要放飛機造型的蛋糕，讓大家切開蛋糕後才發現驚喜。或是用其他切模做出想要的驚喜圖案，呼應派對的主題！

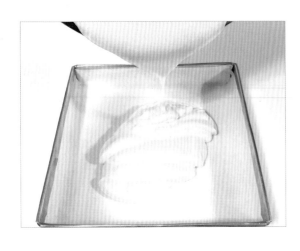

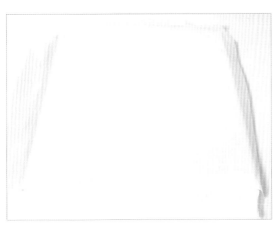

1. 烤箱預熱 160°C，準備一個 25 公分的方形烤盤，鋪上烘焙紙。

2. 製作薄片蛋糕要用的蛋黃麵糊。將蛋黃和砂糖均勻混合，攪拌至顏色變淡，倒入油，接著加水攪拌均勻，放入已經過篩好的麵粉，攪拌至滑順無顆粒。

3. 製作蛋白霜備用。用電動攪拌器將蛋白和塔塔粉打發呈泡沫狀，分次加糖攪拌至中性發泡。

4. 蛋白霜分三次拌入蛋黃麵糊，以切拌的方式輕輕混合。

5. 把薄片蛋糕的麵糊倒入準備好的烤盤中，抹平表面後，將烤盤輕敲桌面，讓麵糊中的氣泡浮出來。

6. 160°C 烤 15 分鐘，用探針或竹籤插入蛋糕中心，取出沒有沾黏就是烤好了。

7. 薄片蛋糕出爐後，先倒置在一張烘焙紙上冷卻。

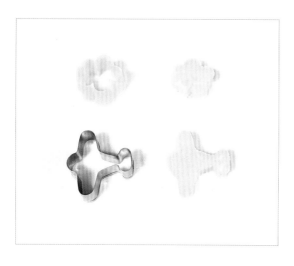

8. 撕掉薄片蛋糕上的烘焙紙，再把蛋糕移到砧板或烤盤上。

9. 用雲朵切模壓出 3 ～ 4 個雲朵形狀來裝飾蛋糕的底部。

10. 用飛機切模壓出 4 ～ 5 個飛機形狀來裝飾蛋糕的側面。

　＊切好的部分先用保鮮膜包裹，避免水分散失導致口感乾硬。

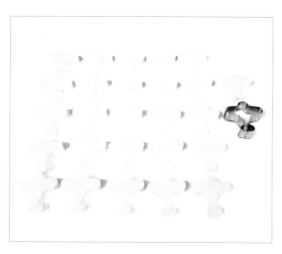

11. 再切 28 ～ 32 個飛機形狀，之後會在蛋糕裡排成一圈，製造隱藏的驚喜。

12. 烤箱預熱 160℃，準備一個 18 公分的圓形戚風蛋糕中空烤模。

13. 製作圓環蛋糕的蛋黃麵糊。將蛋黃和砂糖均勻混合，攪拌至顏色變淡，倒入油，接著加水攪拌均勻，放入已經過篩好的麵粉，攪拌至滑順無顆粒。

14. 將蛋黃麵糊分成 2 等分，一部分加橘色食用色素，另一部分加紫色食用色素，分別把顏色均勻調合。

15. 製作蛋白霜備用。用電動攪拌器將蛋白和塔塔粉打發呈泡沫狀，分次加糖攪拌至中性發泡。

16. 留 1 湯匙的蛋白霜，後面會需要用這些蛋白霜，把雲朵和飛機形狀的蛋糕黏在烤模上。

17. 剩下的蛋白霜分成 2 等分，分別拌入兩種顏色的麵糊，一次取 1/3 的量輕輕拌勻。

18. 用薄薄一層蛋白霜，把 3 ～ 4 個飛機和雲朵形狀的蛋糕黏在烤模的側面和底部。

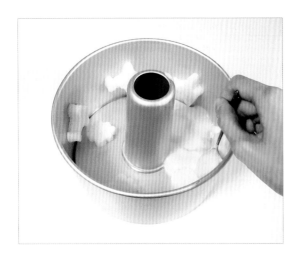

19. 用湯匙將橘色麵糊輕輕盛入烤模至 2 公分厚，覆蓋底部的雲朵。
   ＊雲朵周圍要確實填滿，不留下空隙。

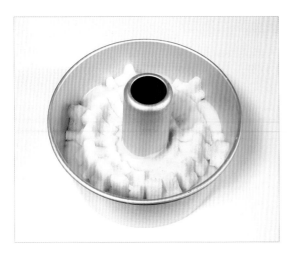

20. 剩餘的飛機造型蛋糕也擺進烤模內，緊密地排成一圈。

21. 用湯匙盛入紫色麵糊，至距離烤模邊緣 2 公分的位置。

22. 先用 160℃ 烤 15 分鐘，再調至 140℃ 烤 30 分鐘，用探針或竹籤插入蛋糕中心，取出沒有沾黏就是烤好了。
   ＊或是用蒸氣烘烤（第 23 頁），設定 140℃ 烤 1 小時。

23. 出爐後先倒置在網架上，等到完全冷卻再脫模。

擠花造型

圓環小熊蛋糕
18公分圓形蛋糕作法

蛋黃麵糊

蛋黃 4 顆
細砂糖 33 克
植物油 60 克
水 67 克
香草精〔雲呢拿油〕7 克
低筋麵粉 80 克（另外再多準備
1 又 1/3 茶匙）
鹼化或荷蘭式可可粉 25 克
泡打粉 1/3 茶匙
竹炭粉 1/4 茶匙
鹽 少許

蛋白霜（用於擠花麵糊）

蛋白 1 顆
細砂糖 11 克
塔塔粉 1/5 茶匙

蛋白霜（用於戚風蛋糕）

蛋白 5 顆
細砂糖 60 克
塔塔粉 1/4 茶匙

裝飾技巧

掌握了這個擠花技法，要擠出花朵、文字或其他圖案都不是問題。

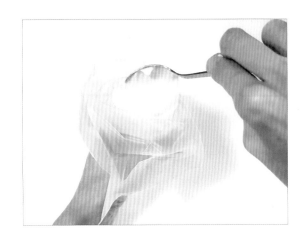

1. 烤箱預熱 160°C，準備一個 18 公分的圓形戚風蛋糕中空烤模，還有一個鋪了烘焙紙的 25 公分方形烤盤。

2. 製作蛋黃麵糊備用。將蛋黃和砂糖均勻混合，攪拌至顏色變淡，倒入植物油，再加入水和香草精，攪拌均勻。倒入過篩好的 80 克麵粉，攪拌至滑順無顆粒。

3. 將 3 茶匙的蛋黃麵糊盛入小碗中，加入 1 又 1/3 茶匙低筋麵粉混和均勻，用來製作小熊圖案的麵糊就準備好了。

4. 準備擠花麵糊所需的蛋白霜。用電動攪拌器將蛋白和塔塔粉打發呈泡沫狀，分次加糖攪拌至中性發泡。取 7 湯匙（17 克）的蛋白霜輕輕拌入擠花麵糊，再把拌好的麵糊裝入擠花袋中，在袋子的尖端剪一個 0.2 公分的小洞。

5. 在中空烤模的底座擠一大一小的圓，做為每隻小熊的臉。
   ＊擠出的圖案至少要有 0.8 公分厚，讓圖案能好好地附著在蛋糕體，而不會黏在烤模上。

6. 圖案先用 160°C 烤 2 分鐘。
   ＊每個烤箱的時間設定可能會稍有差異，烤到圖案摸起來乾燥即可，如果變得酥脆就是烤過頭了。

7. 剩下的蛋黃麵糊混合可可粉與泡打粉。

8. 將 2 茶匙混合可可粉的麵糊盛入小碗中，再加 1/4 茶匙的竹炭粉。

9. 製作戚風蛋糕的蛋白霜備用。用電動攪拌器將蛋白和塔塔粉打發呈泡沫狀，分次加糖攪拌至中性發泡。

10. 把4湯匙蛋白霜拌入加了竹炭粉的麵糊。

11. 其他的蛋白霜輕輕拌入可可麵糊，一次取 1/3 的量輕輕拌勻。

12. 可可麵糊用湯匙盛入或倒入烤模，蓋住烤過的圖案，至距離烤模邊緣2公分的位置。

13. 先用 160°C 烤 15 分鐘，再調至 140°C 烤 30 分鐘，用探針或竹籤插入蛋糕中心，取出沒有沾黏就是烤好了。
    ＊或是用蒸氣烘烤（第 23 頁），設定 140°C 烤 1 小時。

14. 出爐後先倒置在網架上，等到完全冷卻再脫模。

15. 把剩下的原色擠花麵糊、可可麵糊和竹炭麵糊平鋪在烤盤上。160°C 烤 15 分鐘，出爐後倒置在烘焙紙上冷卻。

16. 撕掉薄片蛋糕上的烘焙紙，放在砧板或烤盤上。

17. 用可可薄片蛋糕壓出 4 個 2 公分的圓圈做為口鼻部分，原色薄片蛋糕壓出 8 個 2.5 公分的圓圈做為耳朵，竹炭薄片蛋糕壓出 8 個 0.5 公分的圓圈做為眼睛，還需要 4 個 0.5 公分心形或圓形的竹炭薄片蛋糕做為鼻子。

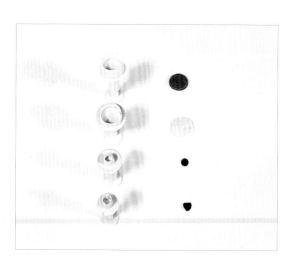

18. 用棉花糖漿（第20頁）黏上小熊的眼睛。

19. 用粉紅色的食用色素筆畫出臉頰的紅暈。

20. 用棉花糖漿黏貼口鼻部分。

21. 最後把鼻子和耳朵黏好，小熊就完成了。

薄片蛋糕的烘烤與應用

貓頭鷹蛋糕
18公分圓形蛋糕作法

照著第 24 頁的作法先烤一個 18 公分的黃色圓形戚風蛋糕，做為貓頭鷹造型蛋糕的基底。

蛋黃麵糊

蛋黃 2 顆
細砂糖 13 克
植物油／玉米油 26 克
水 28 克
香草精〔雲呢拿油〕4 克
低筋麵粉 40 克（過篩）
粉紅色、咖啡色和黃色膠狀食用色素

蛋白霜

蛋白 3 顆
細砂糖 30 克
塔塔粉 1/4 茶匙

裝飾技巧

這款貓頭鷹蛋糕示範了如何利用薄片蛋糕做出各種造型。只要烤幾種顏色的薄片蛋糕，依想要的形狀切割，就能用來裝飾戚風蛋糕。

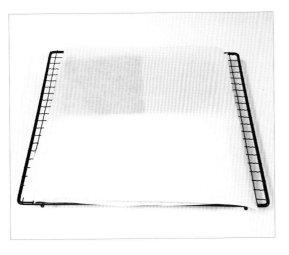

1. 烤箱預熱 160°C，準備兩個 20 公分的方形烤盤，鋪上烘焙紙。

2. 製作蛋黃麵糊備用。將蛋黃和砂糖攪打到顏色變淡，接著倒入油、水和香草精混合均勻，再加入麵粉攪拌至滑順無顆粒。將麵糊分成 5 個部分：原色、深粉紅色、咖啡色和黃色麵糊各 3 茶匙，淺粉紅色麵糊 10 茶匙，混合各自的顏色。

3. 製作蛋白霜備用。將蛋白、塔塔粉和細砂糖打至中性發泡，同樣分成 5 份：原色、深粉紅色、咖啡色和黃色麵糊各需要 6 湯匙（15 克）蛋白霜，淺粉紅色麵糊則會用到 20 湯匙（50 克）蛋白霜。把蛋白霜輕輕拌入蛋黃麵糊。

4. 將份量較少的四種麵糊倒入烤盤的各個角落。

5. 160°C 烤 15 分鐘。烤好後，倒置在烘焙紙上冷卻。
   ＊ 四種麵糊之間的界線不一定要很直，只要都有平舖在烤盤就好。

6. 淺粉紅色麵糊倒入另一個烤盤，160°C 烤 15 分鐘，出爐後倒置在烘焙紙上冷卻。

7. 撕掉薄片蛋糕上的烘焙紙，放在砧板或烤盤上。

8. 使用幾種不同的切模來做貓頭鷹的眼睛：用有花邊的圓形切模在淺粉紅色薄片蛋糕上壓出 2 個圓圈（圖中最上排）；用花模從深粉紅色薄片蛋糕壓出 2 個花朵形狀（第二排）；用圓形推壓模在原色薄片蛋糕上壓出 2 個小圓圈（第三排）；用更小的圓形推壓模從咖啡色薄片蛋糕壓出 2 個圓圈。
＊貓頭鷹的眼睛會由這些形狀堆疊而成。為避免堆疊得太高，可以用花模在淺粉紅色的圓圈中切出花朵形狀的空洞，就能把深粉紅色的花朵放入。

9. 淺粉紅色的薄片蛋糕還會用來做貓頭鷹的羽毛和翅膀。頭上的羽毛是用橢圓形切模壓出一個大橢圓形，再用圓形切模左右各壓一個內凹的曲線（圖中上排）。用水滴切模壓出一對翅膀（中間），胸前的羽毛則是用 2 公分的圓形切模壓出 10 個圓圈（下排）。

10. 用刀切一個深粉紅色的三角形，做為貓頭鷹的嘴喙，再從黃色薄片蛋糕切下 2 個三角形做為耳羽。

11. 用 6 公分的圓形切模（依戚風蛋糕中間空洞的大小來選擇切模）在黃色薄片蛋糕上壓出一個圓圈，來遮住中空烤模烤出來的中間空洞。
   ＊ 仔細測量中空烤模的尺寸，讓壓出的圓圈剛好吻合空洞的大小。

12. 刷上棉花糖漿（第 20 頁）黏合貓頭鷹的各個部分。

13. 黏貼貓頭鷹胸前的羽毛，會先從最底下的那一排開始，把圓圈緊密排列。

14. 最下面一排會用 4 個圓圈，接著上面一排用 3 個，與前一排稍微重疊，再上去是 2 個，最後是 1 個圓圈，貓頭鷹胸前的羽毛就完成了。最後一個圓圈也可以剪成尖尖的形狀。

製作杯子蛋糕

造型香蕉杯子蛋糕

9個4.4公分杯子蛋糕作法

蛋黃麵糊

熟透的香蕉 1 大根（或一根半）
蛋黃 1 顆
細砂糖 5 克
植物油／玉米油／椰子油 15 克
低筋麵粉 35 克
蘇打粉〔梳打粉〕1/8 茶匙
泡打粉 1/8 茶匙
鹽 1/8 茶匙

蛋白霜

蛋白 2 顆
塔塔粉 1/4 茶匙
細砂糖 19 克

裝飾技巧

這篇食譜會分享如何用杯子蛋糕紙模來烤戚風蛋糕，大家可以運用各種顏色的薄片蛋糕，做出符合派對主題的蛋糕造型！

1. 香蕉以湯匙壓過篩網成泥狀，或是用攪拌器攪碎。取出 70 克的香蕉泥備用。

2. 烤箱預熱 160°C，準備 9 個 4.4 公分的杯子蛋糕紙模（有上蠟）。

3. 製作蛋黃麵糊備用。將蛋黃和砂糖攪打到顏色變淡，倒入油混合後加入香蕉泥拌勻，接著把蘇打粉、泡打粉跟低筋麵粉一起過篩，再加進去攪拌至質地滑順，最後加鹽混合均勻。

4. 製作蛋白霜備用。用電動攪拌器將蛋白、塔塔粉和細砂糖打至中性發泡。

5. 先挖取 1/3 的蛋白霜放入蛋黃麵糊，切拌均勻。

6. 剩下的蛋白霜再分兩次輕輕拌入麵糊中。

7. 將麵糊盛入杯子蛋糕紙模，裝到距離紙模邊緣 1 公分的位置即可。

＊紙模預留 1 公分不填滿，讓杯子蛋糕有膨脹的空間，烤好後會上升到和紙模差不多的高度。別把麵糊裝太滿了，不然烤完會高過紙模，還要再切掉多餘的部分。

8. 每一個裝好之後都輕敲桌面，讓空氣排出。

9. 把紙模放上烤盤。

10. 160℃ 烤 25 分鐘，用探針或竹籤插入蛋糕中心，取出沒有沾黏就是烤好了。

11. 出爐後，整個烤盤放在網架上冷卻。
   ＊ 如果杯子蛋糕在冷卻時回縮，或往中間塌陷，可能是因為沒有完全烤熟。可以將烤盤放在烤箱較上層的位置，讓蛋糕表面更接近熱源，再多烤幾分鐘。

12. 把薄片蛋糕（第 30 頁）切成想要的形狀來裝飾杯子蛋糕。我是先用 6 公分的圓形切模在薄荷綠薄片蛋糕上壓出圓圈來覆蓋杯子蛋糕，再用其他顏色的薄片蛋糕做一些小裝飾。

圓錐紙模造型蛋糕

積雪覆蓋的富士山戚風蛋糕

9個棒棒糖蛋糕作法

檸檬薑蛋黃麵糊

檸檬薑茶葉 3 茶匙
熱水 15 克
蛋黃 10 克
細砂糖 5 克
植物油／玉米油 11 克
低筋麵粉 15 克（過篩）

蛋白霜

蛋白 2 顆
塔塔粉 1/4 茶匙
細砂糖 23 克

薰衣草蛋黃麵糊

薰衣草花 2 茶匙
熱水 15 克
蛋黃 10 克
細砂糖 5 克
植物油／玉米油 11 克
低筋麵粉 15 克（過篩）
紫色膠狀食用色素

裝飾技巧

只要改變顏色，這種圓錐小蛋糕也可以變身成西瓜片或聖誕樹！

1. 製作圓錐紙模的烤架。深烤盤用 2 層鋁箔紙〔錫紙〕包起，再用筷子戳 9 個洞來固定圓錐。

2. 輕輕把 9 個圓錐紙模放進去，邊放邊把洞撐大，圓錐和鋁箔紙之間不要製造出太多空隙。

3. 以熱水沖泡檸檬薑茶，準備用來製作檸檬薑蛋黃麵糊。

4. 薰衣草花加熱水泡成薰衣草茶，備用。

5. 至少浸泡 10 分鐘，之後將茶渣和薰衣草花濾出。

6. 烤箱預熱 140°C。

7. 製作兩種不同口味的蛋黃麵糊。先將蛋黃和砂糖攪打到顏色變淡，倒入油混合，接著分別加入檸檬薑茶和薰衣草茶拌勻，再加入過篩後的麵粉，攪拌至滑順無顆粒。在薰衣草麵糊裡加入一點點紫色膠狀食用色素。

8. 製作蛋白霜備用。用電動攪拌器將蛋白、塔塔粉和細砂糖打至中性發泡，再將蛋白霜均分為 2 等分。

9. 蛋白霜分別拌入兩種麵糊，一次取 1/3 的量輕輕拌勻。

10. 將檸檬薑麵糊盛入圓錐紙模的底部，約 1/3 滿。

11. 檸檬薑麵糊上盛入薰衣草麵糊，麵糊和紙模頂端之間留 1 ～ 1.5 公分的距離。

12. 140°C 烤 35 分鐘，用探針或竹籤插入蛋糕中心，取出沒有沾黏就是烤好了。如果不想烤這麼久，可以先用 150°C 烤 10 分鐘，再用 140°C 烤 10 ～ 15 分鐘。

13. 將烤盤從烤箱取出，置於網架上放涼。

14. 等蛋糕完全冷卻後，從圓錐尖端將紙模撕開即可脫模。

15. 切掉圓錐尖端的一小部分，做出山頂的感覺。

16. 從薄片蛋糕（第 30 頁）切出想要的形狀，再用棉花糖漿（第 20 頁）黏在蛋糕上做裝飾，也可以用食用色素筆、融化的非調溫巧克力或竹炭醬（第 21 頁）加上細節。

蛋殼蛋糕作法

獨角獸棒棒糖戚風蛋糕
12個棒棒糖蛋糕作法

蛋黃麵糊

蛋黃 1 顆
細砂糖 10 克
植物油／玉米油 21 克
水 22 克
香草精〔雲呢拿油〕3 克
低筋麵粉 30 克（過篩）

蛋白霜

蛋白 2 顆
塔塔粉 1/4 茶匙
細砂糖 23 克

裝飾技巧

也可以把這款蛋糕的麵糊調成各種顏色，做出彩虹棒棒糖蛋糕或復活節彩蛋棒棒糖蛋糕！

1. 準備 12 顆蛋殼，先在蛋殼頂端上開一個小口，倒出蛋液後洗淨，撕掉蛋殼的內膜後晾乾。

   ＊別小看去除內膜這個步驟，烤出來的蛋糕會比較好剝殼。

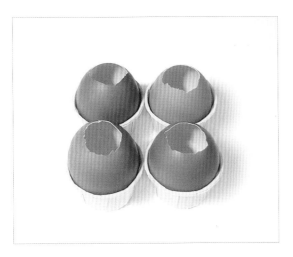

2. 將蛋殼放入 3.8 公分的杯子蛋糕紙模（有上蠟），讓蛋殼在烤箱中保持直立。

3. 烤箱預熱 140°C。

4. 製作蛋黃麵糊備用。將蛋黃和砂糖攪打到顏色變淡，倒入油混合，接著加入水和香草精拌勻，再加入過篩後的麵粉，攪拌至滑順無顆粒。

5. 製作蛋白霜備用。用電動攪拌器將蛋白、塔塔粉和細砂糖打至中性發泡。

6. 一次取 1/3 的蛋白霜輕輕拌入蛋黃麵糊中。

7. 將麵糊盛入蛋殼，裝到約 2/3 滿。
　＊別裝得太滿，不然烤的時候麵糊會爆出來，還要再把多出的部分修掉。

8. 140℃ 烤 30～35 分鐘，用探針或竹籤插入蛋糕中心，取出沒有沾黏就是烤好了。如果想縮短烘烤時間，可以先用 160℃ 烤 10 分鐘，再用 140℃ 烤 10 到 15 分鐘。

9. 出爐後，置於網架上放涼。

10. 等到蛋糕完全冷卻就能脫模，用湯匙背面輕輕將蛋殼敲碎。

11. 慢慢剝掉蛋殼。

12. 準備獸角形狀的餅乾和糖霜，用棉花糖
　　漿（第 20 頁）黏在棒棒糖蛋糕上做裝
　　飾。或是用圓錐紙模（第 66 頁）烤出
　　獸角形狀的蛋糕，同樣用棉花糖漿來固
　　定獸角。

13. 從薄片蛋糕（第 30 頁）裁切或壓出花
　　朵形狀，再用棉花糖漿（第 20 頁）黏
　　在棒棒糖蛋糕上。

14. 用融化的非調溫巧克力或竹炭醬（第 21
　　頁）畫上眼睛。

15. 用粉紅色的食用色素筆畫出臉頰的紅
　　暈。

運用碗 & 蛋糕模具

立體熊貓蛋糕

3 個小蛋糕作法

玻璃碗熊貓蛋糕

＊蛋黃麵糊
蛋黃 4 顆
細砂糖 27 克
植物油／玉米油 53 克
水 50 克
香草精〔雲呢拿油〕8 克
低筋麵粉 80 克（過篩）

＊蛋白霜
蛋白 5 顆
塔塔粉 1/4 茶匙
細砂糖 60 克

竹炭棒棒糖蛋糕

＊蛋黃麵糊
蛋黃 2 顆
細砂糖 14 克
植物油／玉米油 26 克
水 30 克
香草精 4 克
低筋麵粉 40 克（過篩）
1 又 1/4 茶匙竹炭粉

＊蛋白霜
蛋白 3 顆
塔塔粉 1/4 茶匙
細砂糖 30 克

裝飾技巧
可以搭配不同的顏
色，變換出各種
動物造型！

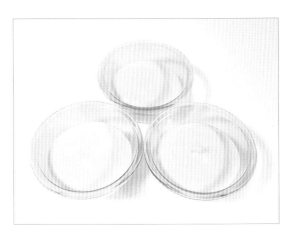

1. 烤箱預熱 160°C，準備 6 個直徑 11 公分的玻璃碗。

2. 製作玻璃碗熊貓蛋糕所需的蛋黃麵糊。將蛋黃和砂糖攪打到顏色變淡，倒入油混合，接著加水和香草精拌勻，再加入過篩後的麵粉和鹽，攪拌至滑順無顆粒。

3. 製作蛋白霜備用。用電動攪拌器將蛋白、塔塔粉和細砂糖打至中性發泡。

4. 一次取 1/3 的蛋白霜輕輕拌入蛋黃麵糊中。

5. 將麵糊均勻盛入碗中，每碗約 3/4 滿。

6. 先用 160°C 烤 10 分鐘，再調至 140°C 烤 20 ～ 25 分鐘，用探針或竹籤插入蛋糕中心，取出沒有沾黏就是烤好了。

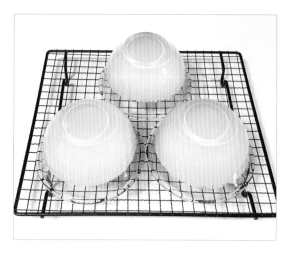

7. 先把碗倒置在網架上,等蛋糕完全冷卻後再用手脫模。

8. 用手沿著蛋糕四周慢慢往內撥,讓蛋糕體與側壁分離,即可脫模。如果無法輕鬆將蛋糕脫模,可能是因為沒烤熟或烤過頭。

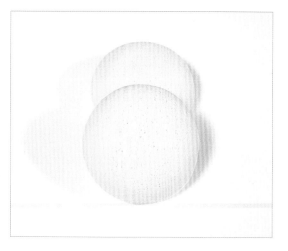

9. 把玻璃碗烤出來的蛋糕兩兩稍微相疊,用棉花糖漿(第 20 頁)黏在一起,做為熊貓的身體。

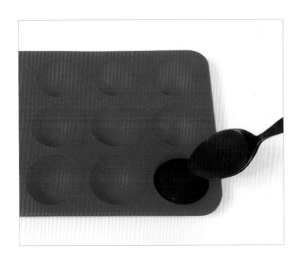

10. 烤箱預熱 160°C。準備一個凹槽為 3 公分的棒棒糖蛋糕模具，還需要一個 25 公分的方形烤盤，鋪上烘焙紙。

11. 準備竹炭棒棒糖蛋糕會用到的蛋黃麵糊。將蛋黃和砂糖攪打到顏色變淡，倒入油混合，接著加水和香草精拌勻，再加入過篩後的麵粉和竹炭粉，攪拌至滑順無顆粒。

12. 準備蛋白霜。用電動攪拌器將蛋白、塔塔粉和細砂糖打至中性發泡。

13. 一次取 1/3 的蛋白霜輕輕拌入蛋黃麵糊中。

14. 將麵糊填入模具的 6 個凹槽內，約 9 分滿，放進烤箱以 160°C 烤 12 ～ 14 分鐘，拿一根探針或竹籤從中間插入，取出後沒有沾黏麵糊代表烤熟了，即可置於網架上放涼。

15. 將其餘麵糊倒入方形烤盤，用 160°C 烤 15 分鐘。出爐後，倒置在烘焙紙上冷卻。

16. 輕輕把蛋糕從模具裡推出來。

17. 將棒棒糖蛋糕對半切，做為熊貓的爪子（圖中最下排）。

18. 撕掉薄片蛋糕上的烘焙紙，並放到砧板或烤盤上。

19. 用橢圓形切模壓出 6 個熊貓眼睛（最上排），尾巴會先用 1 公分的圓形切模壓出 3 個圓圈，再從圓圈側邊切掉 1/3（第二排），耳朵是用 2 公分的圓形切模壓出 3 個圓圈，再對半切成半圓形（第三行），鼻子則是用小圓切模壓出 3 個小圓蛋糕片。

20. 用棉花糖漿（第 20 頁）組裝蛋糕，再用融化的巧克力（第 21 頁）點上眼睛白色的部分。

金屬模具烘焙

馴鹿蛋糕
15公分蛋糕的作法

巧克力竹炭薄片蛋糕

＊蛋黃麵糊
蛋黃 10 克
細砂糖 5 克
植物油／玉米油 10 克
水 11 克
香草精〔雲呢拿油〕1 克
低筋麵粉 15 克（過篩）
可可粉 1/2 茶匙（過篩）
竹炭粉 1/4 茶匙（過篩）

＊蛋白霜
蛋白 1 顆
塔塔粉 1/8 茶匙
細砂糖 11 克

巧克力薄荷戚風蛋糕

＊蛋黃麵糊
黑巧克力 52 克（融化）
蛋黃 2 顆
植物油／玉米油 30 克
牛奶 39 克
薄荷香精〔薄荷香油〕1 茶匙
低筋麵粉 23 克（過篩）
可可粉 10 克（過篩）
泡打粉 少許
蘇打粉〔梳打粉〕少許

＊蛋白霜
蛋白 3 顆
塔塔粉 1/4 茶匙
細砂糖 37 克

裝飾技巧

學會這款蛋糕的基本作法後，只要變換蛋糕的顏色和裝飾，就能做出其他動物造型，熊或貓咪都可以哦！

1. 烤箱預熱 160°C，準備一個 23 公分的方形烤盤，鋪上烘焙紙。

2. 製作薄片蛋糕的蛋黃麵糊。先將蛋黃和砂糖攪打到顏色變淡，依序加入油、水和香草精，混合均勻後，再加入麵粉、可可粉和竹炭粉，攪拌至滑順無顆粒。

3. 製作蛋白霜。用電動攪拌器將蛋白、塔塔粉和細砂糖打至中性發泡。一次取 1/3 的蛋白霜輕輕拌入蛋黃麵糊中。

4. 將麵糊倒入烤盤，用 160°C 烤 15 分鐘。薄片蛋糕烤好後，倒置在烘焙紙上冷卻。

5. 烤箱預熱 160°C，準備一個 15 公分的半球形蛋糕烤模。

6. 準備巧克力薄荷戚風蛋糕需要用到的蛋黃麵糊。將黑巧克力隔水加熱，同時邊攪拌至均勻融化，稍微放涼備用。

7. 將蛋黃和砂糖攪打到顏色變淡，加入油、牛奶、薄荷香精和融化的巧克力，混合均勻後，再加入麵粉、可可粉、泡打粉和蘇打粉，攪拌至滑順無顆粒。

8. 製作蛋白霜。用電動攪拌器將蛋白、塔塔粉和細砂糖打至中性發泡。

9. 一次取 1/3 的蛋白霜輕輕拌入蛋黃麵糊中。

10. 將麵糊倒入半球形烤模，上面需預留約 2 公分的膨脹空間。

11. 先用 160°C 烤 15 分鐘，再調至 140°C 續烤 25 分鐘，拿一根探針或竹籤插入蛋糕中心，取出沒有沾黏麵糊就代表烤好了。

12. 出爐後倒扣於網架上，待完全冷卻再脫模。

13. 剩下的麵糊可以用來做馴鹿的耳朵，在杯子蛋糕紙模倒入約 1 公分高的麵糊，以 160°C 烤 12 ～ 14 分鐘。

14. 沿著烤模周圍輕輕把蛋糕往內撥，一邊轉動烤模，讓蛋糕體與側壁分離。

15. 看到烤模底部後，就能輕鬆把蛋糕拿起，放置一旁備用。

16. 撕掉薄片蛋糕上的烘焙紙，放在砧板或烤盤上。

17. 先用切模壓出 2 個小橢圓形做為眼睛，再用刀子切出鹿角。

18. 拿烤好的巧克力薄荷杯子蛋糕，用水滴或葉子形狀的切模壓出一對耳朵。

19. 利用剩餘的薄片蛋糕或烤一個紅色棒棒糖蛋糕（第 74 頁）來做鼻子，也可以用櫻桃或糖漬櫻桃。

20. 用棉花糖漿（第 20 頁）組裝蛋糕，再用融化的巧克力（第 21 頁）點上眼睛白色的部分。

疑難雜症解惑
常見問題Q&A

蛋糕回縮

戚風蛋糕脫模後,出現凹陷回縮的狀況。

可能是因為沒有完全冷卻就脫模,此時蛋糕體內部組織結構還不穩定,蛋糕就容易內縮,所以一定要等到完全冷卻才能脫模。

蛋糕縮腰

戚風蛋糕冷卻後,蛋糕腰部向內回縮。

側邊縮腰可能是蛋糕沒有烤熟,要放回烤箱繼續烘烤,每隔 5 分鐘檢查看看蛋糕是否熟透。

蛋糕掉落

倒置冷卻時,戚風蛋糕從烤模掉下來又整個縮水。

蛋糕會掉下來通常是因為沒有烤熟,試試看再多烤 5 分鐘,以 5 分鐘為單位逐漸增加烘烤時間,直到蛋糕熟透。

蛋糕出現爆炸頭

戚風蛋糕的成品通常是倒著放的,所以如果烤出來表面整個炸開,倒過來之後底部就會太寬。

有可能是蛋白霜打過頭變得太硬,或是麵糊倒太滿了。蛋白霜最好打發到穩固而有光澤的狀態。填裝麵糊時,也不要將烤模填滿,麵糊和烤模邊緣至少要留 2 公分的距離。

蛋糕太乾

戚風蛋糕烤得太乾。

蛋糕太乾可能是因為烤過頭了,可試著把烘烤時間縮短5～10分鐘。

蛋糕有明顯氣孔

戚風蛋糕出現了大氣泡。

放入烤箱之前,記得把烤模輕敲檯面幾下,消除麵糊中的氣泡。如果氣孔大小不一,而且氣孔裡可以看到小小的白點,可能是蛋白霜與麵糊拌合時沒有拌勻。

蛋糕裂開

出爐後，戚風蛋糕表面會有裂痕。

別擔心！蛋糕有些小裂痕是正常的，而且成品通常都是倒過來擺放的，所以不會看到裂痕。如果爆裂的情況很嚴重，可能是麵糊倒太滿了，所以填裝麵糊時，烤模須預留至少 2 公分的膨脹空間。也可以試試用蒸氣烘烤的方法，把裝水的烤盤放在烤箱最底層的架子下方，烘烤過程中會產生蒸氣，蛋糕表面就比較不會出現裂痕。

蛋糕底層組織密實

蛋糕底部出現濕濕黏黏的一層。

靜置時間太長或麵糊翻拌過度，都容易導致蛋白霜在底部消泡。打發好的蛋白霜，要儘快和蛋黃麵糊融合，不能放置過久。將蛋白霜拌入蛋黃麵糊時，輕柔地切拌至兩者融合即可，避免過度攪拌而消泡。也有可能是因為烤箱上下加熱不均勻。

蛋糕膨不起來

戚風蛋糕烘烤時不會膨脹。

可能是蛋白霜打發程度不夠，或拌入麵糊時攪拌過度。蛋白霜要打發確實，拿起攪拌器時，呈尖峰狀且微微向下彎。將蛋白霜拌入蛋黃麵糊時，記得不要過度攪拌，朝同一個方向輕輕切拌均勻即可。也有可能是烤模上有油，不管是塗了油或殘留油脂沒洗乾淨，都會讓蛋糕長不高。

蛋糕塌陷

冷卻和脫模後，戚風蛋糕消風塌陷。

若麵粉和濕性原料的比例不對，使得蛋糕過重，就容易被自身重量給壓塌，為確保比例正確，所有材料都要精準測量。另外，烤模內不用鋪烘焙紙，蛋糕麵糊才能在膨脹的過程中沿著烤模壁攀附向上，蛋糕組織充分延展，冷卻後就不會塌陷和皺皮。

戚風蛋糕圖案Q&A

圖案黏在烤模上

脫模後，圖案沒有好好地附著在蛋糕體，而是黏在烤模上。

有可能是圖案太薄，麵糊盡量擠得厚一點，至少要有 0.5 公分，讓圖案在烘烤後能與蛋糕黏合。

圖案剝落或脫落

蛋糕脫模後，圖案會剝落或脫落。

製作圖案的蛋白霜打得太硬，無法與麵糊混和均勻，或是蛋糕烤過頭，都有可能造成圖案剝落或脫落。

圖案和蛋糕之間有空隙

圖案和蛋糕體之間出現孔洞。

用麵糊覆蓋圖案時，要把圖案周圍確實填滿，不留下空隙。

圖案亂掉

鋪下一層麵糊時，不小心把前一層的圖案毀了。

用小茶匙將麵糊輕輕放在前一層上方就好，盛入麵糊的動作務必輕柔。

圖案下沉

烘烤時，圖案沉入蛋糕中。

如果圖案有先烤過了，排入蛋糕麵糊裡一起烘烤的時候，就容易發生這種情況。烤過的圖案可以先放在密閉容器中保持濕潤，等麵糊準備好後，再將圖案濕潤的一面朝向烤模的底部擺放，或用蛋白霜把圖案黏在模具底部。

圖案有孔洞

圖案產生很多孔洞。

可能是因為手握著擠花袋的時間太久，手溫導致麵糊消泡，或是圖案沒有熟透，結構組織不穩定，都會讓蛋白霜分解而產生孔洞。

戚風蛋糕色彩Q&A

顏色亂七八糟

戚風蛋糕脫模後，成品表面混到了別層的顏色，失去原本該有的顏色。

麵糊盛入烤模的時間太長，盛好之後底層的蛋白霜可能已經消泡，上面其他顏色的麵糊就會往下流。最好先準備好工具、清楚接下來該做什麼，麵糊拌好後，就能馬上進行後續步驟。

也有可能是蛋白霜打發不足，以致於底層的麵糊不夠黏稠，無法支撐上層。蛋白霜要打到夠堅固，攪拌器提起來倒置時，蛋白霜仍然能維持住形狀。

麵糊變平

製作戚風蛋糕的圖案（如波浪或斑點）時，麵糊流動性太大，沒辦法保持形狀。

蛋白霜打發不夠或麵糊攪拌過度，都容易造成麵糊變得太稀而流動，無法維持該有的形狀。若是做有圖案的戚風蛋糕，就要特別注意蛋白霜是否打發到合適的狀態，拌合麵糊的技巧也很重要。

顏色不分明

多色戚風蛋糕脫模後，顏色都融在一起了，沒有辦法層層分明。

可能是因為蛋白霜打發不夠或麵糊攪拌過度，導致底層的麵糊不夠黏稠，無法支撐上層。蛋白霜要打得更堅固穩定一些，拌合麵糊的動作務必輕柔，朝同一個方向輕輕切拌均勻即可。

分層不平整

製作條紋或彩虹戚風蛋糕時，沒辦法做出平整的層次。

蛋白霜打發到堅固卻又不會太硬的程度就好，如果蛋白霜打得太硬，麵糊會比較難均勻地鋪平。也有可能是因為太用力把麵糊抹開，而混到了前一層麵糊，鋪開麵糊的手法盡量輕柔，避免影響前面已經鋪好的那些層次。

重量換算

原料重量

蛋 1 顆（帶殼）= 60 克

蛋 1 顆（無殼）= 53 克

蛋黃 1 顆 = 13 克

蛋白 1 顆 = 40 克

蛋黃麵糊 1 茶匙 = 5 克

蛋黃麵糊 1 湯匙 = 15 克

蛋白霜 2 湯匙 = 5 克

低筋麵粉 1 湯匙 = 6.25 克

細砂糖 1 湯匙 = 14 克

可可粉 1 湯匙 = 7.38 克

鹽／泡打粉 = 1/8 茶匙

植物油 1 湯匙 = 14 克

水／牛奶／大多數液體 1 湯匙 = 15 克

標準轉換

液體和體積轉換

3 茶匙 = 1 湯匙 = 1/2 液體盎司〔液體安士〕
= 15 毫升

16 湯匙 = 1 杯 = 8 液體盎司 = 250 毫升

乾量

30 克 = 1 盎司〔安士〕

100 克 = 3 又 1/2 盎司

280 克 = 10 盎司

長度

0.5 公分 = 1/4 英吋

1 公分 = 1/2 英吋

1.5 公分 = 3/4 英吋

2.5 公分 = 1 英吋

蛋黃數量視烤模尺寸而定

15 公分的戚風蛋糕中空烤模 = 蛋黃 2 顆

18 公分的戚風蛋糕中空烤模 = 蛋黃 3 顆

20 公分的戚風蛋糕中空烤模 = 蛋黃 4 顆

23 公分的戚風蛋糕中空烤模 = 蛋黃 6 顆

戚風蛋糕中空烤模尺寸轉換（單色蛋糕）

15 公分烤模換成 18 公分烤模，將原本配方
用量除以 2 再乘以 3。

18 公分烤模換成 20 公分烤模，將原本配方
用量除以 3 再乘以 4。

18 公分烤模換成 23 公分烤模，將原本配方
用量除以 3 再乘以 6。

烤箱溫度換算

130°C = 265°F

140°C = 285°F

150°C = 300°F

160°C = 325°F

縮寫

tsp	茶匙
Tbsp	湯匙
g	克
kg	公斤
ml	毫升